AF900713

Tanja Ulmer

Ihr neuer Mensch!

Tanja Ulmer

Ihr neuer Mensch!

EIN RATGEBER FÜR KATZEN

Oertel+Spörer

Bildnachweis:
Alle Illustrationen von Tanja Ulmer

Haftungsausschluss
Die Hinweise in diesem Buch wurden von der Autorin sorgfältig recherchiert und geprüft. Es können jedoch keinerlei Garantien übernommen werden. Eine Haftung der Autorin, des Verlags und seiner Beauftragten für Personen-, Sach- und Vermögensschäden ist- ausgeschlossen. Sämtliche Teile des Werks sind urheberrechtlich geschützt. Jede Verwertung außerhalb der engen Grenzen des Urheberrechtsgesetzes ist ohne die schriftliche Zustimmung des Verlags und der Autorin unzulässig und strafbar. Dies gilt insbesondere für Vervielfältigungen, Übersetzungen, Mikroverfilmungen und die Einspeicherung und Verarbeitung in elektronischen Systemen.

Bibliografische Information der Deutschen Nationalbibliothek
Die Deutsche Nationalbibliothek verzeichnet diese Publikation in der Deutschen Nationalbibliografie; detaillierte bibliografische Daten sind im Internet über http://dnb.d-nb.de abrufbar.

© Oertel+Spörer Verlags-GmbH+Co.KG · 2019
Postfach 1642 · 72706 Reutlingen
Alle Rechte vorbehalten
Lektorat: Dr. Gabriele Lehari
DTP und Repro: raff digital gmbh, Riederich
Druck und Bindung: Oertel+Spörer Druck und Medien-GmbH+Co., Riederich
Printed in Germany
ISBN 978-3-96555-020-9

Inhalt

Vorwort

HERZLICHEN GLÜCKWUNSCH!

Sehr geehrte zukünftige Hauskatze,
Sie haben sich also entschieden, einen Menschen an Ihrem Leben teilhaben zu lassen. Das ist nicht nur für den von Ihnen gewählten Menschen eine große Ehre, sondern birgt auch für Sie zahlreiche Vorteile. Worin diese bestehen, aber auch welche Tücken ein Zusammenleben mit diesem eigenwilligen Wesen Mensch mit sich bringen kann und wie Sie diese gekonnt umschiffen, das erfahren Sie in diesem Ratgeber. Viel Erfolg und alles Gute!

LIEBER MENSCH ...

... wie schön, dass Sie mitlesen! An dieser Stelle finden Sie jeweils passend zu jedem Ratschlag einen Hinweis an Sie selbst, damit Sie am Endes des Buches auch wissen, wovon Ihre Katze spricht!

Erster Kontakt

VORTEILE: WAS IHNEN EINE KOOPERATION BRINGT

Ein Mensch kann natürlich viel Arbeit machen und bedeutet für Sie gewisse Einschränkungen, dennoch lohnt es sich, über eine Kooperation nachzudenken. Diese bringt nämlich auch einige Annehmlichkeiten mit sich, allen voran die zuverlässige Versorgung mit hochkalorischem Futter und einen warmen, trockenen Schlafplatz. Achten Sie bei der Kontaktaufnahme darauf, dass Sie eventuellen Nachwuchs erst dann zur Sprache bringen, wenn Sie bereits eine Pfote in der Tür haben.

WAS EINE KATZE IM HAUS/IN DER WOHNUNG BEDEUTET

Katzen gelten zwar als unabhängige Tiere, trotzdem darf man den Pflegeaufwand nicht unterschätzen. Sie sollten sich jeden Tag mit Ihrer Katze beschäftigen und sich um Futter und Toilette kümmern. Die Katze sollte genug Bewegungsfreiraum haben und idealerweise auf den (gesicherten!) Balkon oder in den Garten dürfen. Klären Sie als Mieter, ob Sie eine Katze halten dürfen.

Nicht nur Futter und Katzenstreu, sondern auch die medizinische Versorgung ist ein Kostenpunkt, regelmäßige Impfungen sind Pflicht. Wenn Sie Ihrer Katze oder Ihrem Kater Freigang nicht verwehren wollen, muss sie/er kastriert sein, sonst steht Ihnen oder einem Ihrer Katzen haltenden Nachbarn eines Tages Nachwuchs ins Haus. Eine Katze kann außerdem bis zu 20 Jahre alt werden. Sind Sie bereit, so lange für das Tier zu sorgen?

PSSST!
Miaaau!

WIE KOMMEN SIE AN EINEN MENSCHEN?

Diese Frage ist leicht beantwortet: Menschen gibt es eigentlich überall, sie werden einem praktisch hinterhergeworfen. Trotzdem sollten Sie Ihren Menschen mit Bedacht auswählen, denn es gibt durchaus Unterschiede. Achten Sie auf eine saubere Behausung und vertrauen Sie auf Ihren Geruchssinn! Wichtig ist auch, dass der Mensch ruhig spricht und sich ebenso bewegt und nicht andauernd versucht Sie anzutatschen. Ist er hektisch, aufdringlich und macht auf Sie einen eher unzuverlässigen Eindruck? Dann schauen Sie sich lieber nach etwas anderem um.

EINE KATZE AUSWÄHLEN

Egal ob Sie eine Katze von einer Privatperson oder einem Züchter holen, hier sollten Sie sich auf alle Fälle zuerst einen Eindruck machen und sichergehen, dass die Tiere gut gehalten und versorgt werden. Unterstützen Sie mit Ihrem Kauf keine dubiosen Tierhändler, denen das Wohl ihrer Schützlinge egal ist.

Am dringendsten benötigen Katzen aus Tierheimen ein neues Zuhause. Wenn Sie aber nicht gerade Experte für Stubentiger sind, sollten Sie sich zunächst über den Charakter des einzelnen Tieres informieren, bevor Sie sich dafür entscheiden. Ist diese Katze nämlich eher problematisch, können Sie als Halter schnell überfordert sein und damit ist am Ende keinem der Beteiligten geholfen.

IHRE NEUE BEHAUSUNG

Haben Sie den Menschen gefunden, der es würdig ist, Ihr Gastgeber zu sein? Sehr gut! Dann können Sie nun in aller Ruhe Ihr neues Reich in Augenschein nehmen.

Falls Sie mit Menschen bislang noch keine Erfahrungen gemacht haben, wird Ihnen einiges recht fremd vorkommen. Darum finden Sie hier gegenüber auf dem Bild einen kleinen Lageplan zum Inventar eines typischen Menschen-Heims.

WAS SIND DIE NATÜRLICHEN BEDÜRFNISSE EINER KATZE?

Neben Katzentoilette und Futter- bzw. Trinknapf benötigen Katzen Klettergelegenheiten, ungestörte Schlafplätze und Rückzugsmöglichkeiten. Außerdem haben Katzen das Bedürfnis zu kratzen, unter anderem um ihre Krallen zu pflegen. Steht hierfür nichts Geeignetes zur Verfügung, müssen möglicherweise Ihre Möbel oder andere Gegenstände herhalten.

Beschäftigen Sie sich außerdem täglich mit Ihrer Katze, spielen Sie mit ihr und schenken Sie ihr Aufmerksamkeit. Das hält Ihre Katze glücklich und Ihr Inventar (eventuell) heil.

Spielzeug
Kletterwand
Toilette
Krallen wetzen
Bett
Snack

IHR MOBILIAR

Natürlich fehlen noch einige wichtige Dinge, die Ihr Mensch aber sicherlich umgehend für Sie besorgen wird. Menschen kaufen unheimlich gern und viel für ihre Katzen ein, was an sich eine wunderbare Sache ist. Leider aber liegen sie geschmacklich manchmal ein kleines bisschen daneben.
Auch wenn viele Menschen in dieser Hinsicht beratungsresistent sind: Zeigen Sie deutlich, welche Art von Mobiliar Sie bevorzugen und machen Sie klar, dass es dabei keine Rollte spielt, ob dieses zum übrigen Einrichtungsstil der Wohnung passt oder nicht.

ERSTAUSSTATTUNG FÜR KATZEN:

- Katzentoilette mit Einstreu (mindestens eine pro Katze)
- Fress- und Trinknäpfe
  (von Letzteren sollten mehrere an verschiedenen Orten aufgestellt werden)
- Töpfchen mit Katzengras
- Kratzgelegenheiten
- Kletterbaum
- Spielzeug
- ein oder mehrere Schlaf-/Rückzugsplätze

Kennenlernen

BEOBACHTUNG

Damit Sie verstehen, wie Ihr Mensch tickt – und damit letztendlich auch wissen, wie Sie von ihm bekommen, was Sie wollen – gibt es nur eins: aufmerksames Studium! Beobachten Sie sein Verhalten genau und versuchen Sie, Gesetzmäßigkeiten zu erkennen, Gesten zu interpretieren und Motivationen zu durchschauen. Was sind seine Gewohnheiten? Was mag er und was nicht? Diese Erkenntnisse können Sie später gezielt nutzen, wenn es darum geht, ihn für Ihre Interessen zu gewinnen!

WAS WOLLEN KATZEN?

Wenn Sie eine Katze zu sich holen, übernehmen Sie die Rolle ihrer Mutter, die Katze wird entsprechende Fürsorge von Ihnen erwarten und ihrerseits Verhaltensweisen eines Katzenjungen zeigen. Und wie in jeder Beziehung strebt die Katze genau wie Sie danach, Sie zu verstehen und mit Ihnen zu kommunizieren. Daher wird sie alles, was Sie tun, sehr aufmerksam beobachten und versuchen, sich an Ihre Welt anzupassen. Dies tut sie natürlich keinesfalls aus Unterwürfigkeit, aber auch nicht aus der Absicht heraus, Sie zu manipulieren, sondern eher im Sinne eines guten Zusammenlebens (bei dem sie selbst nicht zu kurz kommt).

DIE RICHTIGE KOMMUNIKATION

Diese ist natürlich das A und O in jeder Gemeinschaft. Um das Kitten gleich beim Namen zu nennen: Lernen Sie sprechen! Gewöhnen Sie sich daran, Ihre Anliegen möglichst in Lauten zu äußern, denn mit der von Ihnen bevorzugten Körper- und Duftsprache können Menschen leider gar nichts anfangen.

WIE KATZEN KOMMUNIZIEREN

Untereinander kommunizieren Katzen vorrangig durch Körpersprache und Duftsignale. Das „Miau" hört man eher von Katzenbabys. Tatsächlich miauen erwachsene Katzen hauptsächlich, weil es sich in der Kommunikation mit Menschen als effektiver erwiesen hat.

Wer seine Katze besser verstehen will, kann aber trotzdem zusätzlich ihrer Körpersprache Aufmerksamkeit schenken: Wie sehen die Augen aus? Sind die Pupillen groß oder schmale Schlitze? Wie ist die Ohrenstellung? Was macht der Schwanz? Bewegt sich die Schwanzspitze? Welche Körperhaltung hat die Katze? Ist das Fell aufgestellt?
Auf diese Weise können Sie sich noch besser in Ihren Stubentiger einfühlen. Auch Ihre Katze wird bald ziemlich genau wissen, was Sie sagen, auch wenn sie die Worte nicht versteht. Denn sie kann Tonfall, Sprechrhythmus und Klang Ihrer Stimme sehr gut interpretieren und Ihre Intension heraushören.

Ernährung

VERWECHSELUNGSGEFAHR

Auch wenn es so aussieht – das Grünzeug, das Ihr Mensch überall in der Wohnung platziert hat, ist nicht für Ihren Verzehr gedacht! Im Gegenteil: Einiges davon kann sogar gesundheitsschädlich oder lebensgefährlich für Sie sein. Höchste Zeit also, dass er diese trügerischen Gewächse aus Ihrem Revier entfernt.

Um Sie bei Ihrer Verdauung zu unterstützen, sollte er Ihnen lieber hier und da ein paar Töpfchen mit Grasbüscheln aufstellen. Die schmecken zudem besser und haben auch garantiert keine unerwünschten Nebenwirkungen.

KATZENGRAS

Katzen müssen gelegentlich Gras oder Ähnliches fressen, um die Haare, die sie bei der täglichen Fellpflege verschlucken, wieder herauswürgen zu können oder um allgemein ihre Verdauung zu unterstützen.

Steht keines zur Verfügung, bedienen sie sich an der nächsten erreichbaren Pflanze. Da das selten erwünscht ist und viele Zimmerpflanzen für Katzen auch giftig sind, sollten Sie für mindestens ein Töpfchen mit einfachem Wiesengras in der Wohnung sorgen. Dort kann sich Ihre Katze dann jederzeit gefahrlos bedienen.

ERZIEHUNG

Sie werden bald feststellen, dass Ihr Mensch einige Marotten hat. Dazu gehört auch das sogenannte „Ausschlafen", das meist regelmäßig an zwei Tagen in der Woche praktiziert wird. Dabei scheint es ihm völlig egal zu sein, dass sich dadurch ihr Frühstück um mehrere Stunden verschiebt – ja, dass Sie gar drohen zu verhungern!

Beim Essen hört der Spaß eindeutig auf, daher sollten Sie ihm diese Unart schleunigst austreiben und sicherstellen, dass Sie Ihr Futter auch wirklich jeden Morgen zur gewohnten Uhrzeit bekommen.

KATZEN SIND GEWOHNHEITSTIERE

Katzen mögen es nicht, wenn sich etwas Gewohntes in ihrem Leben verändert, darauf reagieren sie schnell gestresst. Das gilt nicht nur für ihre Umgebung und sich darin befindliche Personen und Gegenstände, sondern auch für zeitliche Abläufe und wiederkehrende Handlungen.

Bei der täglichen Fütterung kommt noch hinzu, dass Ihre Katze in dieser existenziellen Sache abhängig von ihrem Menschen ist und schlicht Angst hat, vergessen worden zu sein und nun verhungern zu müssen.

IHR SPEISEPLAN

Was die Speiseauswahl angeht, lassen sich Menschen nicht lumpen. Leider sind sie meist bei Ihrem eigenen Futter furchtbar geizig und wollen Ihnen nichts von ihren Köstlichkeiten abgeben.
Machen Sie sich nichts draus, es ist besser so. Nicht selten sind alle diese Sachen nämlich überhaupt nicht gesund und machen Sie nur schwerfällig und krank. Und wie wollen Sie denn so noch die Gardinen emporklettern?

WAS KATZEN GESUND HÄLT

Versorgen sich Katzen selbstständig durch Jagen, besteht ihre Nahrung aus Mäusen und anderen kleinen Säugetieren, Vögeln, Insekten und gelegentlich eventuell Fisch. Dementsprechend sollte auch der Speiseplan für Hauskatzen aufgebaut sein. Die Basis bilden hier Fleisch und tierische Bestandteile, aber auch pflanzliche Kost, wie sie im Mageninhalt der Beutetiere vorkommt. Katzen benötigen dabei die richtige Nährstoff-Mischung mit viel Eiweiß und Aminosäuren. Diese kann ein gutes Nass- oder auch Trockenfutter aus dem Handel aber liefern. Bei Letzterem sollten Sie allerdings darauf achten, dass Ihre Katze genug trinkt. Eine weitere Möglichkeit zu füttern ist das BARFen, ein Ernährungsansatz, der mit Rohfutter möglichst nahe an die natürliche Ernährung der Katze heranzukommen versucht. Milch und Menschen-Essen, vor allem stark gewürzte Speisen, sind nicht geeignet. Eine Nahrungsumstellung sollte langsam und schrittweise erfolgen.

Gesundheit

VERGLEICHENDE ANATOMIE

Der menschliche Körperbau ist natürlich bei Weitem nicht so graziös und elegant wie der einer Katze, jedoch gibt es durchaus einige grundlegende Ähnlichkeiten (wenn man seine ausgeprägte Plumpheit außer Acht lässt).

AUGEN:

Bei Menschen ganz passabel ausgeprägt, sie können sogar ein paar mehr Farben unterscheiden und besser scharf sehen als Sie, außerdem können sie gut fokussieren. Allerdings sind ihre Augen ziemlich träge, wenn es um das Wahrnehmen von schnellen Bewegungen geht. Und im Dunkeln sind sie praktisch blind.

NASE:

Auch schnuppern können Menschen lange nicht so gut wie Sie, was leider immer wieder zu Geruchsbelästigung führen kann. Das liegt zum Teil auch daran, dass sie einen ziemlich eigenartigen Geschmack haben, wenn es um Düfte geht.

OHREN:

Bei Menschen miserabel! Sie hören im Gegensatz zu Ihnen nur sehr tiefe und sehr laute Geräusche, was auch erklärt, warum sie oft so einen ungeheuren Lärm veranstalten. Sie können auch kaum feststellen, aus welcher Richtung ein Geräusch kommt oder ihre Ohren auf unterschiedliche Geräuschquellen richten, so wie es für Sie ganz selbstverständlich ist.

KÖRPERTEMPERATUR, HERZFREQUENZ:

Die Körpertemperatur liegt beim Menschen etwas unter Ihrer, ein Grund dafür dass seine Wohnung immer so lausig geheizt ist. Auch seine Herzfrequenz ist niedriger als Ihre.

4
8
2
1
3
6
7
5
2
1
3
6
8
7
4
5

ZÄHNE, KRALLEN:

Menschen haben genau wie Sie Milchzähne und bleibende Zähne, allerdings sind diese ganz stumpf und breit und als Fang- oder Reißzähne überhaupt nicht zu gebrauchen. Sie werden aber wie bei Ihnen gelegentlich zur Krallenpflege genutzt. Krallen wiederum werden bei Menschen hauptsächlich zum Kratzen eingesetzt, für die Verteidigung oder zum Klettern sind sie nicht geeignet. Deswegen ist es wohl auch nicht nötig, sie durch Einklappen vor übermäßiger Abnutzung zu schützen.

GESCHMACKSSINN:

Der menschliche Geschmackssinn ist ähnlich gut ausgeprägt wie Ihrer, allerdings reagieren Menschen sensibler auf Bitteres und auf eine Geschmacksrichtung, die sie „süß" nennen, während Sie als Katze eher den köstlichen Geschmack von Eiweiß und Schwefel oder auch Wasser zelebrieren. Für Peeling und Körperpflege lässt sich die Zunge der Zweibeiner mangels Hornstacheln kaum einsetzen, dazu ist sie im Übrigen auch zu kurz. Allerdings wurde schon beobachtet, dass sie gelegentlich in der Körpersprache Einsatz findet.

VERDAUUNG:

Bei Menschen beginnt die Verdauung bereits im Mund, daher müssen sie ihr Essen lange kauen. Ein sofortiges Hinunterschlingen ganzer Beutetiere, so wie Sie es pflegen, führt bei ihnen zu Problemen, da sie über eine eher schwache Magensäure verfügen, die solche Nahrung nicht verarbeiten kann. Insgesamt ist die Verdauung der Menschen im Vergleich zu Ihrer recht aufwendig aufgebaut, da sie Allesfresser sind. Das haben Sie als Raubtier nicht nötig.

TASTORGANE:

Menschen haben bekanntermaßen weder Tasthaare noch einen Schwanz, um sich zu orientieren oder Vibrationen und Schwingungen wahrzunehmen. Es ist wirklich fraglich, wie sie sich so ausgestattet im Dunkeln überhaupt orientieren können.

WIE SIE ZEIGEN, DASS SIE KRANK SIND

Auch wenn Ihr Körper ein unübertroffenes Meisterwerk der Natur ist, kann man nicht hundertprozentig ausschließen, dass Sie nicht doch einmal durch dumme Umstände ein ganz klein wenig krank werden. Und auch wenn Ihnen das nicht gefällt: Lassen Sie sich helfen! Die Menschen sind sehr gut darin, verschiedene Leiden zu heilen.

Da sie aber manchmal etwas schwer von Begriff sind, müssen Sie deutlich zeigen, wenn es Ihnen nicht gut geht. Ein Rückzug Ihrerseits wird Ihrem Menschen zum Beispiel sofort auffallen. Aber auch wenn Sie keinen Appetit mehr zeigen oder träge und bewegungsmüde werden, sollte das seine Aufmerksam erregen.

WEITERE WARNSIGNALE ...

... sind unter anderem häufiges Niesen, laufende Nase, Verkrustungen an Nase, Ohren, Augen oder Pfoten, Erbrechen, Abmagerung, Fieber, Atemstörungen, Hecheln, Speichelfluss, Durchfall, Probleme beim Wasserlassen, Mundgeruch, häufiges Trinken, stumpfes oder struppiges Fell, kahle Stellen, häufiges Kratzen oder Schütteln des Kopfes.

DIE TIERARZTPRAXIS

Sie werden leider nicht darum herumkommen, dass Ihr Mensch Sie früher oder später in eine Tierarztpraxis bringt, obwohl Sie vollkommen gesund sind. Versuchen Sie, ruhig zu bleiben, auch wenn Sie am liebsten flüchten und jeden, der Sie festhält, in winzig kleine Stücke zerfetzen wollen. Die Menschen dort piksen Sie auch nicht, weil sie gemein sind, sondern weil sie Sie damit vor schlimmen Krankheiten schützen können. Auf Ihren Menschen sauer sein können Sie später natürlich immer noch.

PRÄVENTION

Es gibt einige häufig auftretende Katzenkrankheiten, vor denen Sie Ihr Tier aber durch Impfungen schützen können. Dazu gehören zum Beispiel Katzenschnupfen und Katzenseuche. Innere Parasiten wie Würmer können durch regelmäßige Wurmkuren in Schach gehalten werden.

Genauere Informationen zu der Medikation, die speziell bei Ihrer Katze sinnvoll ist, bekommen Sie von Ihrem Tierarzt. Die wichtigsten Voraussetzungen für ein gesundes und langes Katzenleben sind eine gute Ernährung und die richtigen Haltungsbedingungen.

Kommunikation

AUFMERKSAMKEIT ERREGEN

Um überhaupt irgendetwas mitteilen zu können, müssen Sie zunächst einmal die Aufmerksamkeit Ihres Menschen erregen. Unnötig, sollte man eigentlich meinen, da Sie als so fabelhaftes Wesen ohnehin uneingeschränkte Aufmerksamkeit genießen sollten. Doch leider lassen sich Menschen schrecklich leicht von allerlei unwichtigen Dingen ablenken. Manchmal hilft schon lautes, ausdauerndes Miauen, um seinen Blick wieder auf das Wesentliche zu richten. Ansonsten versuchen Sie mit Körpereinsatz zu stören, indem Sie sich zwischen den Menschen und seine Beschäftigung drängen.
Darüber hinaus hat jeder Mensch seine Achillesferse. Finden Sie diese und Ihr Mensch wird Ihnen im Nu seine ungeteilte Aufmerksamkeit schenken!

WIE KATZEN AUF SICH AUFMERKSAM MACHEN

Da Katzen sehr gute Beobachter sind, finden sie sehr schnell heraus, wie sie Ihre Aufmerksamkeit erregen können. Seien Sie hier auf der Hut, denn mit Ihrer Reaktion, egal welcher Art, bestätigen und ermutigen Sie die Katze, dasselbe immer wieder zu tun. Hat die Katze dagegen mit einer Handlung keinen Erfolg (das heißt, Sie reagieren überhaupt nicht darauf), wird sie nach einigen Versuchen damit aufhören.

Festplatte formatieren?
OK
Abbrechen

PROTEST AUSDRÜCKEN

Es kann vorkommen, dass Sie Ihren Menschen einmal tadeln oder zurechtweisen müssen, zum Beispiel indem Sie Kratzmarken setzen. Er muss sich nun einmal erst an die neue Situation mit einer Katze im Haus gewöhnen und noch viel lernen. Sollten Sie aber wirklich einmal absolut unzufrieden sein, müssen Sie dies entsprechend drastisch zum Ausdruck bringen, etwa indem Sie Ihre Notdurft außerhalb Ihrer Toilette verrichten, auch wenn es eigentlich gar nicht Ihre Art ist.

URSACHEN FÜR PROBLEMATISCHES VERHALTEN

Wenn keine gesundheitlichen Gründe vorliegen, deutet problematisches Verhalten meist auf eine Notsituation der Katze hin. Das Krallenwetzen ist beispielsweise ein Grundbedürfnis, das Sie nicht unterdrücken können. Sollte Ihre Katze es an dafür ungeeigneten Gegenständen ausleben, fehlt ihr die entsprechende Kratzgelegenheit. Bieten Sie genau dort eine Alternative an, damit sie eine Ausweichmöglichkeit hat.
Bei Unsauberkeit steckt oft ein Problem mit der Katzentoilette dahinter, zum Beispiel dass sie nicht gereinigt ist, unangenehm riecht, am falschen Ort steht oder einfach nicht gefällt. Auch Stress aufgrund von Veränderungen äußerer Umstände kann eine Ursache für problematisches Verhalten sein.

FUTTER IST ALLE!!

ANERKENNUNG ZEIGEN

Schließlich kann es ja auch einmal vorkommen, dass Sie mit Ihrem Menschen vollauf zufrieden sind oder ihn mit der Zeit gar lieb gewonnen haben. Der beste und bewährteste Weg dies auszudrücken ist, ihm ein Beutetier darzubieten, möglichst an seinem Schlafplatz und in Kopfnähe, sodass er es gleich beim Aufwachen sieht.

Schmeicheln wird ihm mit Sicherheit auch, wenn Sie ihn fortan überall hin begleiten und niemals von seiner Seite weichen, wohin er auch geht. So muss er nie wieder allein sein und genießt allzeit die bestmögliche Gesellschaft!

WIE KATZEN ZUNEIGUNG AUSDRÜCKEN

Auch wenn einige der Ansicht sind, der Mensch stellt für die Katze kaum mehr als einen übergroßen Dosenöffner dar, gibt es verschiedene Anzeichen dafür, dass Katzen ihre Bezugsperson durchaus lieb gewinnen können, auch wenn sie es anders ausdrücken als Menschen. Wenn Ihre Katze Sie zum Beispiel mit dem Kopf anstupst, vorsichtig an Ihren Fingern knabbert oder versucht, Sie zu putzen, signalisiert sie damit, dass sie Sie gern hat. Auch wenn sie Ihnen auf Schritt und Tritt folgt, um möglichst immer in Ihrer Nähe zu sein, ist das ein Zeichen dafür, dass sie sich bei Ihnen sehr wohlfühlt.

Menschliche Eigenheiten

TÜREN SCHLIESSEN

Menschen halten Durchgänge geschlossen. Das ist sehr lästig und stört Sie immens in Ihrer Bewegungsfreiheit und in Ihrem Bedürfnis nach Unabhängigkeit. Leider werden Sie Ihren Menschen vermutlich niemals dazu erziehen können, Türen grundsätzlich offen zu lassen. Er wird Ihre Bemühungen stets missverstehen.

So werden Sie wohl oder übel dauerhaft auf ihn als Türöffner angewiesen sein, es sei denn, Sie haben ein besonders schlaues Exemplar erwischt, das Ihnen eine sogenannte Katzenklappe installiert.

KATZEN WOLLEN UNABHÄNGIG SEIN

Katzen wollen unabhängig sein und ihr gesamtes Revier möglichst ohne fremde Hilfe begehen können. Dass sie ihren Menschen wieder und wieder darum bitten müssen, den Weg frei zu machen, wenn sie passieren wollen, missfällt ihnen da natürlich. Sollten Sie also Ihrer maunzenden Mieze einmal wieder die Tür öffnen, sie aber keine Anstalten macht, hindurch zu gehen, liegt es wahrscheinlich daran, dass sie einfach nur wollte, dass die Türe offen ist (und bitteschön auch bleibt).

UMRÄUMEN

Menschen haben die lästige Angewohnheit, in ihrer (Ihrer!) Wohnung ständig irgendetwas zu verändern, wie zum Beispiel Möbel umzustellen oder gar neue anzuschaffen – und das ausgerechnet dann, wenn Sie sich gerade an alles gewöhnt haben.
Die neuen, eigenartig fremd riechenden Objekte werden oft auch noch ganz ungeschickt mitten auf Ihrer Hauptverkehrsader oder an anderen bedeutsamen Punkten abgestellt. Das wirft Ihren Plan natürlich völlig durcheinander und bringt Ihnen eine Heidenarbeit beim Markieren und Integrieren der neuen Gegenstände.

KRATZMARKIEREN

Katzen setzen ihre Duftmarken mitunter auch durch Kratzen an verschiedenen Gegenständen, vor allem wenn diese an für sie strategisch wichtigen Orten stehen. Und da sie, wie bereits erwähnt, sehr empfindlich auf Veränderungen reagieren können, schweben neue Objekte in besonderer Gefahr, weil sie obendrein fremd riechen.
Wenn Sie Ihre Einrichtung davor schützen wollen, bieten Sie an solchen Stellen Kratz-Alternativen an oder verhüllen Sie neue Stücke mit einer geruchlich bereits integrierten Decke oder Ähnlichem.

PAPPKARTONS

Menschen verfügen über das wunderbarste aller Materialien und scheinen es noch nicht einmal zu wissen: Pappe! Sie versuchen so viele seltsame Dinge, um sich in den verschiedensten Lebenslagen besser zu fühlen, anstatt einfach in einen Pappkarton zu steigen. Warum sie es eigentlich nie tun, obwohl sie so viele davon haben, wird wohl ewig ein Rätsel bleiben... Vermutlich, weil sie dafür einfach ein bisschen zu groß sind.

KATZEN UND PAPPKARTONS

Ein Pappkarton dient Katzen sehr gut als Unterschlupf, hier können sie sich verstecken und aus einem sicheren Abstand die Umgebung beobachten. Vor allem in Stresssituationen ist das eine hilfreiche Strategie, um sich wieder zu beruhigen und sich besser an eine neue Umgebung zu gewöhnen.

Diese Art von Rückzug ist wichtig für die Gesundheit der Katze und sollte ihr auf jeden Fall immer möglich sein. Warum nun ausgerechnet ein Karton so beliebt ist, könnte am Geruch und/oder an den besonderen wärmeisolierenden oder anderen Materialeigenschaften liegen. Dies ist aber wissenschaftlich bislang noch nicht abschließend geklärt.

HANDGREIFLICHKEITEN

Die Vorderpfoten der Menschen sind zugegebenermaßen beneidenswert. Mit diesen geschickten Greifwerkzeugen können sie ganz Erstaunliches vollbringen, zum Beispiel Dosen öffnen. Leider haben sie die überaus lästige Angewohnheit, damit alles anzugrapschen, was sie erreichen können. Manche Ihrer Gesten scheinen sie sogar als Einladung dazu anzusehen, was häufig ein Missverständnis ist.
Stellen Sie sich also darauf ein, dass Sie immer wieder Opfer solcher Angriffe werden, aber zeigen Sie ruhig deutlich, was Sie davon halten!

KATZEN UND KÖRPERKONTAKT

Katzen entscheiden gern selbst, wann, wo und wie lange sie gestreichelt werden wollen. Das ist nicht immer dann der Fall, wenn ihr Mensch gerade das Bedürfnis danach hat. Wann die Einlage beendet ist, zeigen Katzen nicht sofort für jeden ganz offensichtlich. Vielleicht entziehen sie sich lediglich der streichelnden Hand oder hören auf zu schnurren. Doch es ist immer ratsam, hellhörig zu sein und rechtzeitig auf solche Signale zu reagieren. Bestimmte Körperregionen sind für viele Katzen außerdem tabu, zum Beispiel der Bauch. Diesen demonstrativ zu exponieren, ist daher keinesfalls ein Freibrief zum Kraulen – auch wenn die Verlockung groß ist.

DENK
NICHTMAL
DRAN!

MÖGLICHE GEFAHREN

Nicht dass Sie es nötig hätten, aber hier dennoch ein paar kleine Hinweise auf diverse Orte und Situationen in einem Menschenhaushalt, die Ihnen eventuell unangenehm werden könnten: Steigen Sie zum Beispiel nicht in das runde Fenster, hinter dem meistens Menschen-Kleidung liegt! Auch wenn es Ihnen sehr behaglich erscheint, das bleibt es nicht. Ähnliches gilt für den kühlen Raum mit dem vielen Essen darin, auch den sollten Sie besser meiden. Versuchen Sie niemals, durch ein gekipptes Fenster zu steigen, das kann wirklich böse enden! Und probieren Sie keine Zimmerpflanzen, auch wenn sie sehr ansprechend auf Sie wirken.

WAS FÜR KATZEN GEFÄHRLICH WERDEN KANN

- Geöffnete Fenster und ungesicherte Balkone, wenn Absturzgefahr besteht.
- Gekippte Fenster; hier können Katzen sich einklemmen und schwer verletzen.
- Katzenhalsbänder; hier besteht die Gefahr der Strangulation, beispielsweise beim Klettern.
- Spitze, scharfe Gegenstände
- Giftige Pflanzen/Substanzen im Haushalt wie zum Bespiel Putzmittel, ätherische Öle usw.
- Heiße Herdplatten, Feuer, brennende Kerzen
- Offene Toilettendeckel, denn eine Katze kann auch in der Toilette ertrinken.
- Offene Waschmaschinen; sie sollten vor dem Waschen kontrolliert werden.

WASH

Schlusswort

GUT ANGEKOMMEN?

Nun kennen Sie also die wichtigsten Fakten zum Leben in einem Menschenhaushalt, können mit verzwickten Situationen umgehen und wissen, wie Sie Ihren Zweibeiner richtig führen können, um viel Freude an ihm zu haben. Seien Sie geduldig mit ihm, dann wird die Erziehung bald Früchte tragen und auch Sie werden sich im Nu an seine seltsamen Gebräuche gewöhnt haben.

Viel Glück!

CHIPS

Anhang

ZUR AUTORIN

Tanja Ulmer, Jahrgang 1982, arbeitet selbstständig als Mediengestalterin und Illustratorin. Das Leben mit Tieren und das Zeichnen begleiten Sie von frühester Kindheit an. So kann sie heute ihre Erfahrungen in diesem Buch mit den Lesern teilen.

Weitere Arbeiten der Autorin finden Sie unter: www.tanjaulmer-gestaltung.de

LITERATUR

Nehls, Ninja: Diabetes und Nierenerkrankungen bei Katzen · Oertel+Spörer 2017

Tschischke, Cornelia: Katzenglück aus zweiter Hand · Oertel+Spörer 2011

Tschischke, Cornelia: Homöopathie für eine gesunde Katzenseele · 2. Auflage Oertel+Spörer 2014.

von Quillfeldt, Petra: Katzen BARFen · 2. Auflage · Oertel+Spörer 2018

ADRESSEN

https://www.katzennothilfe.de/

Auf dieser Internetseite finden Sie auch ein Verzeichnis mit Adressen von Katzenschutzvereinen und -organisationen in Deutschland:

https://www.katzennothilfe.de/katzenschutz-verzeichnis/

... tierisch gut!

Unser Verlagstipp!

PETRA VON QUILLFELDT
Katzen BARFen
€ 9,95
ISBN 978-3-88627-871-8

CORNELIA TSCHISCHKE
Katzenglück aus zweiter Hand
€ 12,95
ISBN 978-3-88627-844-2

Oertel+Spörer Verlags-GmbH + Co. KG
Beutterstr. 10, 72764 Reutlingen, Tel. (07121) 302-552, info@oertel-spoerer.de, www.oertel-spoerer.de

... tierisch gut!

Unser Verlagstipp!

TANJA ULMER

Ihr neuer Mensch – Ein Ratgeber für Meerschweinchen

ISBN 978-3-96555-019-3

Oertel+Spörer Verlags-GmbH + Co. KG

Beutterstr. 10, 72764 Reutlingen, Tel. (07121) 302-552, info@oertel-spoerer.de, www.oertel-spoerer.de